动物探索

超有趣的动物百科

挥舞"镰刀"的螳螂

温会会 编 曾平 绘

浙江摄影出版社

　　一只绿色的螳螂在树枝上悠闲地散步。

　　它有着三角形的小脑袋，脑袋两侧长着大而突出的眼睛，头上顶着天线般的触角。

螳螂喜欢吃苍蝇、蚊子、蝗虫、蛾子等昆虫。它常常利用体色隐藏在草丛中，等待着猎物的到来。

生活在不同环境中的不同螳螂，有着各自的伪装色，有些螳螂可以拟态，能更好地隐蔽在环境之中。

　　过了一会儿，苍蝇飞了过来。螳螂一跃而起，举起两把"镰刀"，瞬间抓住了苍蝇。

　　瞧，"镰刀"是螳螂的前肢，上面有一排坚硬的锯齿，末端还有钩子，可以用来钩住猎物。

9

　　成功捕获猎物的螳螂，高兴地享用着胜利的果实。

威武的螳螂也会遇到天敌。

鸟类、蜥蜴、变色龙、蛇等动物，都会想办法捕食螳螂。

13

这一天，公螳螂遇到了比自己个子还要大的母螳螂。两只螳螂聚在一起，完成了配对。

14

　　有时候，饥饿的母螳螂会在交配结束时甚至在交配的过程中吃掉公螳螂！

　　这是因为，要完成产卵使命的母螳螂需要通过进食补充能量，才能更好地繁衍下一代。

母螳螂爬上树枝，先排出一团"泡沫"，再开始产卵。

不一会儿，"泡沫"凝固了，形成坚硬的卵鞘。

卵鞘的内部有许多小孔，卵就藏在小孔的里面。

在寒冷的冬天里，卵待在温暖的卵鞘里孕育成长。

到了来年夏天，数百只若虫从卵鞘中孵化而出！
经过数次蜕皮，若虫逐步发育为成虫。

看！这只成为成虫的小螳螂，开始独自闯荡。

它来到草丛里，举着前肢，犹如在祈祷美食的到来。

经过一次次摸索，小螳螂掌握了捕猎的技能。

它跟爸爸妈妈一样，挥舞着弯弯的"镰刀"，又快又准地捉住了猎物。

责任编辑　袁升宁
责任校对　王君美
责任印制　汪立峰

项目设计　北视国

图书在版编目（ＣＩＰ）数据

挥舞"镰刀"的螳螂 / 温会会编 ；曾平绘．-- 杭
州 ：浙江摄影出版社，2023.2
　（动物探索·超有趣的动物百科）
　ISBN 978-7-5514-4346-3

　Ⅰ．①挥… Ⅱ．①温… ②曾… Ⅲ．①螳螂目一儿童
读物 Ⅳ．① Q969.26-49

中国国家版本馆 CIP 数据核字（2023）第 008039 号

HUIWU "LIANDAO" DE TANGLANG

挥舞"镰刀"的螳螂
（动物探索·超有趣的动物百科）

温会会/编　曾平/绘

全国百佳图书出版单位
浙江摄影出版社出版发行
　　地址：杭州市体育场路 347 号
　　邮编：310006
　　电话：0571-85151082
　　网址：www.photo.zjcb.com
制版：北京北视国文化传媒有限公司
印刷：唐山富达印务有限公司
开本：889mm×1194mm　1/16
印张：2
2023 年 2 月第 1 版　　2023 年 2 月第 1 次印刷
ISBN 978-7-5514-4346-3
定价：42.80 元